NOUVELLE ÉCOLE
D'ÉQUITATION

à l'usage

des militaires et des particuliers

suivie

DE LA DIÉTÉTIQUE

ou

de la connaissance du régime le plus convenant aux chevaux dans toutes les conditions

et

DES SIGNES

par lesquels on reconnait la nature des accidens, des indispositions, des blessures et des maladies auxquelles les chevaux sont exposés; ainsi que des moyens curatifs, en l'absence de l'artiste vétérinaire.

PARIS.

Par le colonel V. N. SIODOLKOWICZ,

ancien officier supérieur de cavalerie polonaise au service de France.

1841

AVANT-PROPOS.

Renfermer dans le cadre le plus étroit possible les principes de l'équitation, de la diététique, et ceux sur lesquels repose la connaissance des symptômes qui indiquent la nature des accidens, des indispositions, des blessures ou des maladies auxquels les chevaux sont exposés, ainsi que les moyens curatifs à employer immédiatement pour leur guérison, ou pour prévenir toute aggravation du mal avant qu'un artiste vétérinaire ait pu administrer ses services; et présenter ces principes dans un ordre qui en facilite l'intelligence, sans qu'on doive recourir à ces études longues et pénibles auxquelles ne peuvent guère se livrer que les hommes spéciaux dans la partie, tel est le plan que nous avons adopté dans cet ouvrage, pour le mettre à la portée de tous, de l'officier et du sous-officier détaché en campagne, de l'homme du monde, du propriétaire et du cultivateur, enfin, de tous ceux qui, par état ou agrément, ont des chevaux à leur service, ou sont seulement chargés d'en prendre soin.

Nous avons senti que pour rendre cet ouvrage d'une utilité aussi générale, nous devions en écarter les raisonnemens et les démonstrations scientifiques dont l'exposition n'eût fait que retarder l'instruction des personnes auxquelles cet écrit est destiné. Aussi, entrant de suite en matière, avons-nous, dans les deux premières parties, à l'exemple de M. Gogen, professeur d'équitation dans plusieurs universités de l'Allemagne et de la Pologne, exposé, sous la forme de demandes et de réponses, tous les cas qu'il importe de connaître, les circonstances qui les modifient ou en changent la nature et les principes qui leur sont applicables ; suivant que me l'ont fait connaître l'expérience et la pratique des artistes experts les plus distingués.

Si depuis les temps les plus reculés, l'équitation a toujours été en honneur et son application d'une utilité reconnue ; si aujourd'hui, plus que jamais, l'exercice de cet art est partout encouragé et fait partie de toute bonne éducation, on a droit de s'étonner qu'on n'eût pas cherché à populariser les autres connaissances nécessaires, non seulement au cavalier, mais encore à toutes les personnes qui élèvent, nourrissent, soignent ou gouvernent des chevaux pour les différens usages auxquels elles les destinent ou les emploient. En effet, il en est bien peu qui n'ignorent quel régime convient le mieux dans les diverses conditions, qui sachent distinguer les alimens de bonne qualité de ceux plus ou moins avariés, ni comment on peut rendre ces derniers moins nuisibles à la santé des chevaux ; qui aient les moindres notions de ce qu'il faut faire des précautions qu'on doit prendre pour prévenir les maladies, ou quand elles se sont déclarées, qui sachent en reconnaître le caractère d'après leurs symptômes apparens, et employer dans ce cas les palliatifs les plus simples qui empêcheraient l'aggravation du mal avant l'arrivée de l'artiste expert, et seraient presque toujours d'un effet efficace : aussi, que de chevaux morts chez les particuliers, aux armées en campagne, et qu'on eût conservés, si on avait rendu plus générales ces premières connaissances, qu'il serait si facile d'acquérir surtout dans les régimens, ainsi qu'on le reconnaîtra à la lecture de cet écrit (1).

(1) Souvent les ressources d'un Etat consistent moins dans l'abondance des choses que dans la sagesse et la modération avec lesquelles il en use. Rien ne prouve mieux cette vérité que la campagne de 1812. Après le passage du Niémen, à la fin de juin, la cavalerie de la grande armée comptait 90,000 chevaux, et à peine en restait-il la moitié de vivans au mois d'août, lorsqu'on arriva à Smolensk. Quoiqu'il n'y avait pas de magasins établis dans la Lithuanie et la Russie Blanche, anciennes provinces po-

Ce sujet est de la plus grande importance pour la France, qui est encore tributaire de l'étranger pour une partie notable des chevaux employés chez elle aux divers usages, circonstance d'autant plus fâcheuse, que pour la remonte de sa cavalerie, elle dépend des pays qui lui seraient hostiles, en cas de guerre, avec les puissances du nord. Lorsque l'Europe est menacée d'une conflagration générale où la France devrait user de toutes ses ressources, pour conserver son indépendance et ses libertés acquises au prix de tant de sacrifices faits depuis 50 ans, je serai heureux, si cet ouvrage que je livre au public peut être utile à ma patrie d'adoption, en contribuant à augmenter ainsi ses moyens de défense contre toute agression de l'étranger : tel est du moins le vœu le plus ardent que je forme.

lonaises, on y aurait réuni facilement des approvisionnemens qui eussent suffi au moins pendant quatre mois à une cavalerie deux fois plus nombreuse ; mais il n'y avait pas d'ordre, tout était gaspillé, brûlé ou détruit par l'avant-garde, de manière que les autres corps arrivant ensuite, il fallait recourir aux blés verts, aux autres grains et aux fourrages sur pied. Cette nourriture mal saine, donnée sans mesure et sans précautions, que prescrit l'hygiène, à des chevaux harassés de fatigue par la chaleur et par des marches forcées, en fit périr plus de la moitié en moins de six semaines, et qui eût été évité certainement, si les officiers et les sous-officiers avaient eu les moindres connaissances de la diététique.

NOUVELLE ÉCOLE
D'ÉQUITATION.

PREMIÈRE PARTIE.

De l'Équitation en général.

Demande. Combien y a-t-il de manières de monter à cheval?

Réponse. Il y en a deux : naturelle et artificielle.

D. Quelle différence y a-t-il entre le cavalier artificiel et le cavalier naturel?

R. Le premier se distingue par une position élégante et régulière, de même que par une conduite délicate du cheval.

D. Comment divise-t-on les cavaliers artificiels?

R. En militaires et écoliers.

D. Quelle est la différence du cavalier écolier et du cavalier militaire?

R. On reconnaît le cavalier écolier à sa belle et parfaite tenue, ainsi qu'à l'allure relevée qu'il donne à son cheval.

D. Quelle est la manière la plus usitée de monter à cheval?

R. En militaire et en chasseur.

Des principales Parties du cheval.

D. Est-il utile qu'un cavalier connaisse les principales parties du cheval, et sache les nommer?

R. Chaque artiste qui veut faire mouvoir une machine composée de plusieurs pièces et de plusieurs ressorts, doit en connaître le mécanisme; conséquemment, celui qui veut faire mouvoir son cheval, doit en connaître les parties, pour y mettre toujours la plus exacte attention.

D. Sur quoi un cavalier, en fait de ces parties, doit-il en faire attention?

R. De ménager autant que possible les plus faibles, et d'exercer davantage les plus fortes.

D. De combien de parties se compose le corps du cheval?

R. De trois générales.

D. Comment les appelons-nous?

R. L'avant-main, le corps et l'arrière-main.

D. Laquelle de ces parties est la plus forte?

R. C'est l'arrière-main.

D. Pourquoi?

R. Parce qu'elle a plus de muscles ; ses os sont solides et élastiques, et elle sert d'appui et de soutien aux autres parties du corps.

D. Quelle attention doit faire un cavalier sur les parties extérieures ?

R. De ne pas en faire un usage forcé et maladroit.

De la Position du cavalier à cheval.

D. En combien de parties se divise le corps du cavalier ?

R. En trois générales.

D. Comment les appelle-t-on ?

R. La partie supérieure, le centre, la partie inférieure.

D. Qu'est-ce qui compose la partie supérieure ?

R. Elle se compose de ce qu'on nomme le sommet de la tête, jusqu'à la première vertèbre du col, des épaules, des bras, des avant-bras et des mains.

D. De quoi se compose le centre ?

R. Le centre s'étend depuis les hanches jusqu'aux genoux.

D. Qu'est-ce qui est compris dans la partie inférieure ?

R. Les genoux, les jambes et les pieds.

D. Quelle est la position la plus avantageuse pour la partie supérieure?

R. Il faut que la tête soit droite, sans raideur, dirigeant l'œil entre les oreilles du cheval, et haussant commodement le col d'entre les deux épaules; les épaules doivent être en arrière, pour que la poitrine puisse s'avancer librement. Les bras doivent tomber de leur propre poids, naturellement sur les hanches, sans serrer les coudes au corps, pour répondre à chaque mouvement du cheval. L'avant-bras sera sur une ligne droite et un peu horizontale, le pli de la main légèrement arrondi, et le poignet bien fermé; la main doit être placée à six pouces au-dessus du pommeau de la selle, et à pareille distance du corps. Les vertèbres lombaires doivent décrire une ligne un peu oblique, pour qu'on puisse joindre la ceinture au pommeau de la selle; que le haut du corps soit aisé, libre et d'aplomb sur les hanches, et qu'il maintienne l'assiette par son propre poids et équilibre.

D. Quelle est la position du centre?

R. Étant assis sur les deux os du derrière, et formant la séparation exacte du milieu de la largeur du siége de la selle, le cavalier doit tenir les cuisses tournées en dedans et collées sur le corps du cheval, depuis le périnée jusqu'aux genoux ; les genoux ne doivent faire qu'un léger pli, et n'étant pas trop serrées, il faut qu'ils ne remuent ni en avant ni en arrière.

D. Comment doit-on tenir la partie inférieure?

R. Les jambes doivent tomber perpendiculairement sous les genoux, de manière à couvrir le sangle. Le coude-pied doit être souple pour tenir l'étrier sans peser dessus, et suivre les mouvemens des jambes, sans en avoir de particuliers ; on tiendra le talon de deux pouces plus bas que la pointe du pied.

D. Quelle est la meilleure position d'un cavalier à cheval ?

R. Un aplomb parfait.

D. Pourquoi ?

R. Pour pouvoir, sans difficulté, diviser le poids d'un cavalier, ainsi que pour le partager sans perdre de temps sur toutes les parties du cheval.

D. Quelles sont les principales parties du corps d'un cavalier placé à cheval ?

R. Il y a quatre extrémités, deux supérieures et deux inférieures ; les parties supérieures sont les avant-bras et les mains, les parties inférieures sont depuis les genoux jusqu'aux talons.

D. Pourquoi ?

R. Parce que les avant-bras servent à conduire l'avant-main.

R. A l'instant que les poignets agissent pour tourner à droite, le cavalier haussera le petit doigt de la main droite à gauche, du côté des hanches, et en même temps il laissera la rêne de la main gauche libre dans la proportion de la retenue qui est faite à la rêne droite Le cavalier doit encore élever la main droite de trois pouces plus haut, pour ne pas faire trop baisser la tête du cheval.

D. Quels sont les mouvemens pour tourner à gauche ?

R. Le contraire que pour tourner à droite.

D. Quels mouvemens doit faire un cavalier avec les jambes pour conduire l'arrière-main du cheval ?

R. Si un cavalier marche en avant dans la ligne droite, en liant les deux jambes derrière les sangles, le cheval, par ce degré de pression, se porte en avant, et s'il lui laisse les rênes libres, il va avec plus de vitesse. L'aide d'une seule jambe droite, la croupe du côté opposé ; si, après avoir rángé avec l'aide de la jambe droite la croupe à gauche, vous voulez la tenir dans cette position, l'aide de la jambe gauche doit fixer les hanches au point que vous le désirez.

D. Combien y a-t-il de mouvemens principaux de la main en ce cas?

R. Il y en a quatre.

D. Quels sont-ils?

R. La main placée pour tenir un cheval dans l'inaction, la main-rendue pour laisser au cheval la liberté d'aller en avant, la main soutenue et reportée sur la gauche.

D. Comment le cavalier fait-il exécuter tous ces mouvemens?

R. Quand on retient la main pour arrêter la marche de la colonne, il faut tourner les deux poignets, plier les petits doigts en haut, et après les avoir tirés, les incliner à la poitrine.

D. Comment rend-on la main?

R. En ramenant les deux poignets à la position qu'ils avaient, alors le cheval est forcé de marcher en avant.

De la Manière de bien mener un cheval.

D. Qu'entend-on par mener un cheval?

R. C'est un art qui nous apprend à conduire un cheval régulièrement selon sa sensibilité et notre volonté.

D. Comment se fait-il?

R. Avec l'aide des bras et des jambes.

D. Combien y a-t-il de manières en général?

R. Deux : ferme, légère ou douce.

D. Combien y en a-t-il en particulier?

R. Il y en a deux : à la bride et au mors.

D. Comment conduit-on un cheval à la bride?

R. Avec les deux mains.

D. Comment le conduit-on au mors?

R. Seulement de la main gauche, ou à la bride et au mors ensemble, des deux mains.

D. De quelle manière doit-on conduire un cheval à la bride et au mors ensemble?

R. Les rênes du mors se prennent de devant, séparées par le second doigt de la main gauche, puis on met le bridon dans la main gauche à pleine main par le milieu des rênes, de manière que le bridon gauche soit alongé en même temps que la rêne gauche du mors, après quoi on prend dans la main droite le bridon droit, et on l'égalise avec la rêne droite du mors. Pour tourner à droite, la main droite se baisse au-dessous de la gauche de la largeur tout entière d'une main, puis on manœuvre comme à la bride, c'est-à-dire que l'on doit lâcher la rêne d'un côté, d'autant qu'on l'a retenue de l'autre, ce qui fait que la bride et le mors produisent le même effet.

D. Qu'est-ce que c'est que mener ferme un cheval?

R. C'est tenir avec force les rênes, sans les jamais lâcher, ce qui oblige entièrement un cheval à obéir.

D. Comment conduit-on légèrement un cheval ?

R. Quand le cavalier, assis à cheval, ne fait presque pas sentir l'appui du mors sur les barres de sa bouche, et qu'il sait le conduire légèrement à la main, en tenant les rênes ferme.

D. Cela peut-il causer quelque erreur ?

R. Oui, parce qu'on peut croire que mener un cheval légèrement, c'est lui laisser librement les rênes.

D. Quand lâche-t-on librement les rênes au cheval ?

R. Quand le cavalier ne l'a pas bien arrangé, et qu'il ne sent pas sa bouche en main, enfin, quand il a abandonné les rênes.

D. Comment les jambes doivent-elles venir à l'aide des mains ?

R. Le cavalier a, depuis le haut des cuisses jusqu'aux talons, plusieurs points de gradation d'aide, qui augmentent de sensibilité à mesure qu'ils approchent des talons ; on doit essayer tous ces points, qui sont autant de modifications du châtiment des éperons. Quand on a rencontré le degré suffisant, on doit s'en tenir là, afin que l'animal obéisse sans contraindre, et s'il n'obéit pas, on le pince des deux vigoureusement.

D. Qu'est-ce que c'est que l'appui?

R. C'est le sentiment que produit l'action de la bride dans la main du cavalier, et réciproquement l'action que la main du cavalier opère sur la bouche du cheval.

D. Comment s'exécute l'appui du mors sur les barres?

R. Par la retenue.

D. Qu'entend-on par retenue?

R. C'est l'effet produit sur les mors par le raccourcissement des rênes.

D. Comment divisons-nous la retenue?

R. En retenue toute entière et d'un côté, de droit et de travers,

D. Quand a lieu la retenue entière?

R. Elle a lieu lorsqu'on emploie les deux rênes à la fois.

D. Quand se fait le retenue d'un côté?

R. Lorsqu'une seule rêne est en action.

D. Comment se font les retenues droites?

R. Dans une ligne relevée à la poitrine.

D. Comment se font-elles de travers?

R. Dans une ligne de côté contre la bouche du cheval.

D. Quand fait-on la retenue entière?

R. Lorsqu'on prend les rênes en main pour

assembler les demi-parades et les parades entières (1).

D. Quand se fait-il d'un côté ?

R. Dans les positions et les manœuvres.

D. Quand de travers ?

R. Dans toutes les marches de eôté.

Système pour bien seller un cheval.

D. Comment doit-on mettre la selle sur un cheval ?

R. Avec un ordre et une attention, parce que souvent on fait des erreurs qui peuvent causer du mal au cavalier ou à l'animal.

D. Quel ordre doit-on suivre ?

R. En le flattant de la voix, le cavalier s'approche du cheval avec les objets nécessaires, c'est-à-dire la selle, la croupière et les sangles ; il relève les sangles et la croupière sur le siége de la selle, prend celle-ci de la main par le milieu de l'arcade, et de la droite sous le trousse-quin ; il s'élève pour la poser doucement sur le dos du cheval, et la place à un pouce du mouvement des épaules ; la croupière ne devant être ni trop tendue ni trop lâche, en prenant garde qu'il n'y ait point de crins entre le culeron et le tronçon, ce qui

(1) Parer parade, terme de manége, signifie arrêt.

blesserait le cheval sous la queue, et pourrait le faire ruer.

D. De quelle manière doit-on boucler les sangles ?

R. Le cheval ne doit être ni trop, ni trop peu sanglé ; il faut que la sangle de derrière soit moins serrée que celle du devant, afin de ne point gêner la respiration, et toutes les boucles doivent être sous le quartier de la selle.

N. B. Chez les chevaux jeunes, il faut boucler lentement, et répéter souvent ce bouclement.

Principes pour bien brider un cheval.

D. Dans quel but bride-t-on un cheval ?

R. Pour le tenir en notre pouvoir et pour le diriger selon notre volonté.

D. Quels sont les moyens pour cela ?

R. Ils sont différens ; cependant, il faut les choisir d'après la sensation que le mors opère sur les barres de la bouche du cheval.

D. Comment se nomment toutes les parties de la bride ?

R. La monture de la bride est composée de plusieurs pièces, comme la têtière, le frontail, la sous-gorge, les porte-mors, la muserolle, les rênes, le bouton, les boucles et les crochets.

D. Comment peut-on bien brider un cheval ?

R. Le cavalier doit considérer si les parties de la bride sont en bon état et en ordre ; ensuite, après avoir débouclé la sous-gorge, il faut prendre la têtière par le haut avec la main droite, les ongles par-dessous, et le mors de la main gauche ; avoir le pouce ouvert, afin de le mettre entre les dents et le crochet, pour faire ouvrir la bouche du cheval ; sitôt qu'il l'ouvre, on y fait entrer le mors, en haussant tout doucement la têtière par-dessus la tête ; il faut encore que la crinière soit retirée de dessous le frontail. Pour passer les rênes sur le col, on prend de la main gauche la rêne gauche près la branche, de la main droite on les élève sur le col, observant de dépasser l'oreille la première hors du montoir. La gourmette doit être mise sur son plat, au-dessous des rênes du bridon, en la prenant avec le pouce et le premier doigt de la main droite par le second maillon, tournant la main en dedans, afin que la grosse maille porte dans le pli de la barbe.

D. Comment doit-on accrocher la gourmette ?

R. De manière à ce qu'on puisse mettre un doigt entre elle et la ganache.

D. Comment doit-on serrer la muserolle?

R. Elle doit être aisée, sans être trop lâche.

D. Pourquoi doit-elle être aisée?

R. Parce que autrement le cheval ne peut pas mâcher dans le mors, ce qui le fait écumer.

Moyens pour bien monter à cheval.

D. Quelle précaution doit prendre le cavalier avant de monter à cheval?

R. Visiter son cheval de la tête aux pieds, et s'assurer qu'il est en état de tous points.

D. Quelle est la première chose qu'il doit regarder?

R. C'est la bride.

D. Sur quoi doit-il veiller à la bride?

R. Sur toutes les parties et sur leur force.

D. Quel soin encore faut-il prendre?

R. La têtière restera un peu derrière les oreilles sur le col, et pour le tenir à sa place, le frontail ne doit être ni trop grand, ni trop petit, parce que, premièrement, il viendrait jusqu'aux oreilles du cheval, ce qui le ferait battre à la main (1); secondement, parce que la têtière serait trop en arrière. La sous-gorge

(1) Un cheval bat à la main quand il lève et baisse la tête.

ne doit pas être bien serrée, ça l'empêcherait de respirer ; il faut prendre soin que la gourmette et la muserolle ne soient pas non plus trop serrées, parce que la muserolle, si le cheval est sensible à la bouche, pourrait causer beaucoup de mal au cavalier.

D. Comment doit-on poser le mors ?

R. Le mors doit poser sur les barres à un doigt au-dessus des crochets d'en bas ; c'est un fer étamé et composé de deux branches, l'œil est la partie la plus haute de la branche, et au bas de l'œil est le banquet ; vis-à-vis de l'arche est la branche du banquet ; c'est au banquet qu'est attaché le gros bout de chaque côté du mors, qui s'appelle le fonceau : il est recouvert par la bossette.

D. Quelle précaution surtout doit prendre le cavalier ?

R. Que la gourmette ne soit pas étroitement attachée.

D. Pourquoi ?

R. Parce que si elle est étroitement attachée, elle peut forcer un cheval qui a la bouche sensible, en le tirant par les rênes, à faire des pesades, et quelquefois même à tomber sur la croupe (1).

(1) Pesades, terme de manége, veut dire l'un des airs relevés, en levant les seuls pieds de devant.

D. Que faut-il encore examiner?

R. Qu'elle ne soit point tournée, parce que les mailles du milieu seraient inégales, ce qui le gênerait à la ganache.

D. Sous quel rapport un cavalier a-t-il besoin de faire attention à la force de la bride?

R. Pour que les boucles, les ardillons et les longes soient en bon état, car si elles venaient à se casser, la force du cavalier sur son cheval cesserait.

D. Que doit faire de plus un cavalier?

R. Examiner la selle.

D. Comment cela se fait-il?

R. Premièrement, il faut regarder si la selle est à sa place, c'est-à-dire à un pouce du mouvement des épaules, si la croupière avec la sous-gorge ne sont pas trop tendues : cela causerait des inquiétudes au cheval, et pourrait même le faire ruer; enfin, si les sangles et les étriers sont dans un bon état.

D. Que doit faire le cavalier des étriers?

R. Ajuster les étriers à son point : à cet effet, il faut glisser le bout du doigt du milieu au haut de l'étrivière, et alonger le bras tout le long, jusqu'à ce que le fer de la grille de l'étrier vienne se loger sous l'aisselle : alors l'étrier a sa longueur, à moins qu'il n'y ait ni régularité, ni les proportions ordinaires dans la taille du cavalier.

D. Comment doit-il s'y prendre pour monter à cheval ?

R. L'action se divise en trois parties : la première se fait ainsi : s'approchant à un demi-pied vis-à-vis de l'épaule gauche du cheval, le cavalier abat l'étrier de la main droite, de la gauche il prend les rênes qu'il sépare avec le petit doigt, la gauche dessous et la droite dessus ; de la main droite il les saisit par le bouton, et les élève, en lâchant un peu de la main gauche, sans les abandonner de la main droite, jusqu'à ce qu'il sente un peu la bouche du cheval ; puis il prend une bonne poignée de crins qu'il cède à la main gauche, à environ six pouces du garrot.

D. Sur quoi, dans ce cas, doit porter l'attention ?

R. Que les rênes ne soient ni trop tendues, ni trop lâches, et qu'il tienne fortement la crinière.

D. Pourquoi ?

R. Pour s'assurer la tranquillité du cheval ; autrement, on ne pourrait jamais bien monter.

D. Que doit-on faire de plus ?

R. Le cavalier appuie le talon de la main bien ras de l'encolure, et abandonne alors les rênes de la main droite ; de cette main il prend l'étrier, y chausse le pied gauehe, en s'élevant sur la pointe du pied droit, de la main droite il saisit le trousse-quin sans tirer la selle à lui. Voilà ce qui compose la première partie pour monter à cheval.

D. Quelle est la seconde ?

R. Il s'enlève tout doucement sur la jambe et sur l'étrier, le genou gauche d'aplomb touchant le corps du cheval, pour se faire un point d'appui.

D. Comment le cavalier exécute-t-il la troisième partie ?

R. Il reste un moment le corps droit et la tête élevée, ensuite, il passe la jambe droite tendue et sans raideur par-dessus la croupe du cheval, sans la toucher ; en même temps que la jambe passe, il quitte le trousse-quin, et porte la main sur la botte droite, le pouce en dedans, les autres doigts en dehors, pour soutenir le corps et arriver tout doucement en selle. Ensuite, il lâche la crinière, met le pied droit dans l'étrier, ajuste les rênes : les mains se tiendront à six pouces du pommeau de la selle, et il se placera suivant les règles ci-dessus, pour avoir la force de faire manœuvrer le cheval selon sa volonté.

Des Aides favorables au cheval.

D. Qu'est-ce que c'est que l'aide dont on se sert quelquefois ?

R. C'est l'accord mutuel des différens mouvemens de la main, et des aides de l'enveloppe ou de l'aplomb du corps, que le cavalier emploie pour conduire son cheval ; cet accord résulte du tact moëlleux de la main, et du degré de précision des aides.

D. Quelles sont les aides ?

R. Régulières et irrégulières.

D. Quand les aides sont-elles irrégulières ?

R. Quand le corps du cavalier se berce sur l'un et l'autre côté, par suite de quoi il fait de fausses retenues de rênes, et les jambes prennent des mouvemens contraires.

D. Quelles sont les aides régulières ?

R. Tous les changemens irréguliers des mains et des jambes perfectionnés par l'art.

D. Comment se divise l'aide artificielle ?

R. En mécanique et sensitive.

D. Qu'est-ce que c'est que l'aide mécanique ?

R. C'est la position artificielle qui donne la direction et l'équilibre au corps du cheval.

D. Qu'entend-on par l'aide sensitive ?

R. L'art de parler par signes, et qui montre au cheval le genre de marche que nous voulons lui faire faire.

D. Comment divisons-nous l'aide en particulier ?

R. En aide des mains et celle des jambes.

D. A quelle partie du corps d'un cheval les jambes doivent-elles servir d'aide ?

R. A l'arrière-main.

D. Et l'aide des mains ?

R. A l'avant-main.

D. Y a-t-il des aides composées ?

R. Oui.

D. Quand les aides sont-elles composées ?

R. Quand on emploie le degré de pression, et qu'on fait une retenue contraire des rênes.

D. Quand fait-on usage de ces aides ?

R. Quand l'arrière-main doit être proportionnée artificiellement à l'avant-main.

D. De quelle aide faut-il se servir pour tourner à droite?

R. De la jambe gauche et de la rêne droite.

D. De laquelle pour tourner à gauche ?

R. De la jambe droite et de la rêne gauche.

D. Où se fait l'action de pression des jambes ?

R. Après la sangle.

D. Quelle est l'aide sensitive au pas en avant ?

R. Une légère pression des deux jambes, ainsi que les rênes rendues.

D. Quelle est l'aide au trot sur la ligne droite?

R. Une plus forte pression des jambes et les rênes rendues.

D. Quelle est l'aide sensitive au galop tournant à droite?

R. Une légère retenue des deux rênes, en haussant un peu la rêne droite avec une très courte pression de la jambe gauche.

D. Et pour tourner à gauche?

R. Après avoir retenu les deux rênes, on doit faire l'action contraire.

D. Comment doit-on se servir des aides marchant en arrière?

R. Le cavalier doit rendre les rênes et serrer son cheval des éperons après la sangle.

Du Pas.

D. Que doit faire le cavalier s'il veut marcher en avant dans la position convenable?

R. Ayant tourné son cheval dans la ligne droite, il lâche doucement les deux rênes, se sert des aides des jambes, ce qui le force à marcher au pas.

D. Combien y a-t-il de sortes de pas?

R. Il y en a deux : pas d'école et pas de campagne.

D. Quelle est la différence entre ces deux pas?

R. Au pas de campagne le cheval a les mouvemens lens et près de terre; au pas d'école le cheval est plus raccourci, il lève les jambes plus haut qu'au pas ordinaire, et d'une cadence plus soutenue, plus régulière et plus précise.

D. Comment se fait le pas d'école?

R. Par l'apprêt du chevel et l'adresse du cavalier.

D. Comment faut-il apprêter le cheval?

R. Par une augmentation d'aide des jambes et une retenue des rênes toujours plus forte.

D. A quoi faut-il faire attention pour chaque pas?

R. Qu'il soit égal, régulier, conservant la même mesure, et que le cheval ne quitte pas la piste (1).

D. Un cavalier peut-il toujours aller sur la ligne droite?

(1) Piste, c'est la ligne que décrit le cheval en marchant droit d'épaules et de hanches sur la ligne droite; aller des deux pistes, c'est lorsque le cheval va de côté, et que les pieds de derrière décrivent une autre ligne que ceux de devant : c'est ce qu'on appelle en terme de cavalier pas de côté.

R. Non, mais il faut qu'il sache encore prendre toutes les directions utiles.

D. Comment prend-on la direction à droite?

R. Si le cheval est au mors, et que le cavalier le tienne d'une seule main, alors il le tourne à droite du pommeau de la selle, en donnant l'aide gauche après la sangle, et l'aide droite légèrement sur la sangle.

D. Si le cavalier tient aussi les rênes et la bride, que doit-il faire?

R. Dans ce cas, il tire une fois de la main droite la rêne droite de la bride, pendant que la main gauche lâche la sienne, et il se sert des aides comme sans bride. Si le cheval n'est pas bien manœuvré, il faut donner l'aide intérieure, c'est-à-dire l'aide droite plus fortement.

D. Comment se fait la direction à gauche?

R. De la manière contraire.

D. Quand le cavalier n'a que le bridon, que doit-il faire?

R. Pour tourner à gauche, il hausse le petit doigt de la main gauche au poignet droit, pendant qu'il lâche la rêne droite d'autant que la rêne gauche était retenue, et l'aide des jambes est la même; cependant si le cheval n'est pas dressé pour tourner à gauche, la jambe gauche avec l'aide intérieure doit forcer davantage; dans le cas contraire, l'aide extérieure continue son mouvement.

D. Que faut-il observer en changeant la direction?

R. Que l'arrière-main suive l'avant-main.

D. Quand l'arrière-main suit-elle l'avant-main?

R. Quand les jambes de derrière suivent les mêmes traces que celles de devant.

D. Comment change-t-on la direction du cheval en écolier?

R. Avec les rênes intérieures, c'est-à-dire du côté où le cheval doit aller, parce que cela donne de la beauté à la position du cheval, tandis que les rênes extérieures la font perdre.

De la Volte.

D. Qu'est-ce que c'est que la volte?

R. C'est un rond que le cheval exécute continuellement.

D. Combien y a-t-il de sortes de voltes?

R. Une grande et une petite, à droite et à gauche.

D. Quelle est la petite volte?

R. De la longueur de deux chevaux.

D. Quelle est la grande volte?

R. Le plus grand carré arrondi, dans lequel cependant on pourrait apercevoir le changement artificiel de la direction du cheval.

D. Comment se font les voltes à droite?

R. Lorsque le cavalier quitte la ligne droite pour passer dans la volte à droite, il doit, selon la grandeur de la volte qu'il veut faire, forcer le cheval de la rêne droite et de l'aide gauche; mais en même temps il faut faire agir un peu la rêne gauche et l'aide droite, afin que le cheval ayant pris la direction ne quitte pas le rond qu'il doit parcourir.

D. Comment se fait la volte à gauche?

R. De la même manière, mais en sens contraire.

De l'Action de reculer.

D. Quelle est l'action pour faire reculer un cheval?

R. Contre-naturelle, puisque le cheval l'exécute rarement tout seul.

D. Comment cela se fait-il?

R. On met le cheval d'aplomb à l'aide des jambes, puis on retient et on lâche les rênes de manière à ce que la retenue des rênes puisse faire reculer ensemble l'arrière et l'avant-main, observant de tenir bien arrière la partie supérieure du corps pour se tenir en garde contre les mouvemens que fait la tête du cheval.

D. Que doivent faire les jambes?

R. Elles doivent empêcher l'arrière-main de reculer de côté.

D. Comment cela s'exécute-t-il?

R. Il faut que le cavalier sente de ses jambes si le cheval recule trop vite ou par malice.

D. Comment dans ce cas le cavalier doit-il s'y prendre?

R. Par une forte pression des deux jambes il faut l'empêcher de reculer, après quoi l'on augmente l'aide du côté que le cheval recule davantage.

D. Qu'est-ce que doit observer un cavalier?

R. Que la tête et le col du cheval soient droits, pour qu'il puisse reculer commodément.

D. Quelle est la principale manière pour faire reculer un cheval?

R. La retenue des rênes bien égales et bien droites devant soi, parce que les jambes ne servent que comme aides.

D. Pour marcher en avant, quelle est la chose la plus importante?

R. Les jambes, puisqu'elles obligent le cheval à marcher, et les mains employées seulement comme des aides pour rendre les rênes.

D. Doit-on souvent faire reculer un cheval?

R. Fort rarement; il faut l'éviter au contraire autant que possible.

D. Pourquoi?

R. Parce que le reculement étant une direction contre-naturelle, fatigue le cheval et affaiblit ses jambes de derrière.

Du Trot.

D. Qu'est-ce que c'est que le trot?

R. Une marche plus vite que le pas, dans laquelle le cheval balance son poids de l'un à l'autre côté.

D. Un cheval peut-il long-temps courir au trot?

R. Plus long-temps qu'à toutes les autres marches plus fortes.

D. Pourquoi?

R. Parce que ses poumons sont moins tendus au trot.

D. Combien y a-t-il de degrés de trot?

R. Deux: trot étendu, et celui à petits pas, dont on doit se servir le plus souvent comme fatiguant moins le cheval.

D. De quelle marche passe-t-on au trot?

R. Du pas.

D. Que doit-on faire de cette marche?

R. Pour mettre le cheval au trot, on retient

un peu les rênes en le chassant légèrement des deux jambes, et c'est dans la proportion de la retenue et de la pression qu'il va au trot plus au moins vite.

Dans cette marche, la partie supérieure du cavalier ne doit pas être portée en avant, mais en arrière, pour qu'il puisse conserver l'équilibre, et être assuré de ne pas tomber.

D. Quand le cheval a-t-il un joli trot?

R. Lorsque toutes les jambes du cheval se meuvent comme par mesure, et qu'aucune ne sort trop en avant ou ne reste en arrière.

D. Quelles sont les fautes que l'on peut faire au trot?

R. Premièrement que le cheval tombe dans le galop; secondement, qu'il se marche les pieds de devant avec ceux de derrière.

D. Comment peut-on prévenir toutes ces fautes, ou au moins les corriger?

R. Par une position tranquille et une bonne direction, de même qu'en relevant l'avant-main à l'aide des rênes, ce qui fait que les jambes de devant sont forcées d'avancer, et celles de derrière de s'arrêter.

D. Qu'est-ce qui cause ces fautes?

R. La première se fait par la maladresse du cavalier, la seconde par la mauvaise marche du cheval.

D. Comment fait-on prendre au cheval un trot plus vif?

R. En haussant doucement la main avec les rênes, et la rendant lentement, ainsi que par une délicate pression des aides après la sangle.

D. Quel effet produit le trot?

R. Le corps du cheval s'écarte dans les jointures.

D. Que faut-il faire pour arrêter le cheval au petit trot ou au petit pas?

R. Le corps du cheval doit avoir toutes ses jointures bien unies.

D. Comment cela se fait-il?

R. On retient le cheval des deux rênes par un demi-arrêt et par une pression égale des deux jambes sur l'arrière-main; on l'oblige à reprendre le poids d'avant-main qu'il avait perdu par le mouvement continuel de l'arrière-main.

Du Galop.

D. Quelle est la qualité de marche du galop?

R. Sauteuse, dans laquelle l'avant-main et l'arrière-main sont en échange d'équilibre.

D. Combien y a-t-il de genres de galop?

R. Il y en a deux, naturel et artificiel.

D. Comment se divise le galop naturel ?

R. En galop tendu et galop de la croupe.

D. Comment divise-t-on le galop artificiel ?

R. En galop d'avant-main, galop d'équilibre, et galop d'arrière-main.

D. Comment se divise-t-il en particulier ?

R. En galop à main droite et à main gauche.

D. De quelle marche le cheval prend-il le galop ?

R. De l'état d'inaction, du pas et du trot.

D. Laquelle est la plus artificielle ?

R. De l'état d'inaction.

D. Laquelle est la plus facile ?

R. Du trot.

D. Pourquoi ?

R. Parce que le galop est une marche plus voisine du trot.

D. Comment peut-on prouver cela ?

R. Parce qu'une trop grande pression en allant au trot met le cheval au galop.

D. Quels sont les moyens pour mettre un cheval du trot au galop.

R. Un demi-arrêt, où la retenue légère des deux rênes avec l'aide de pression des deux jambes, mettent le cheval au galop.

D. De quelle aide doit-on se servir pour aller au galop à main droite ?

R. En faisant un demi-arrêt au trot, le cavalier retire le pied gauche derrière la sangle, et, avec un degré de pression plus fort et plus vif, ainsi que par la retenue de la rêne gauche en arrière, il fait avancer l'épaule droite du cheval, ce qui le force à galoper à main droite, c'est-à-dire du pied droit.

D. Comment se fait le galop du trot en main gauche?

R. Le galop en main gauche se combine de même, mais en sens inverse : c'est la jambe gauche qui fait la première foulée en avant.

D. Quelle est donc la différence entre ces deux galops?

R. C'est qu'à main droite, le cheval porte le pied droit devant et d'arrière-main avant les pieds gauches.

D. Comment s'exécute cette priorité de mouvemens des pieds?

R. Par un assortiment d'épaules.

D. Comment un cavalier peut-il sentir le galop parfait?

R. Par une position convenable.

D. Comment cela se fait-il?

R. Le cavalier, étant fortement assis, a le moyen d'y parvenir, en regardant d'abord le mouvement de l'épaule du cheval et en comptant au pas la foulée de chaque pied de devant; s'il observe quelque temps cette méthode, il doit sentir aux cuisses et aux jarrets quel pied pose et quel pied lève.

D. Comment peut-il sentir le galop faux?

R. Au galop en main droite, le cavalier doit sentir que sa cuisse droite incline d'arrière en avant, et que la gauche incline d'avant en arrière; l'inverse au galop en main gauche.

D. Que doit faire le cavalier quand le cheval galope faux?

R. Il faut encore, par un demi-arrêt, retenir le cheval au trot; on fait ensuite avancer l'épaule de la main où l'on veut galoper, et on lui donne de nouveau sa marche.

D. Comment fait-on des fautes au galop?

R. En faussant le galop, en balançant et en passant au trot.

D. Comment empêche-t-on ces défauts?

R. Le premier se corrige d'après la règle ci-dessus : on le prévient en restant bien tranquille assis, ou si le défaut a déjà commencé, il faut arrêter le cheval et de nouveau le faire galoper. Pour corriger le dernier, on force le cheval par un mouvement de jambes et une retenue de rênes.

D. Quel est le galop le plus en usage?

R. Le galop en main droite.

D. Pourquoi?

R. Parce que le cavalier le sent plus facilement et peut mieux corriger ses défauts.

D. Quand galope-t-on en main gauche?

R. Ce galop n'est employé que par les cavaliers versés dans l'art de l'équitation, afin d'user ensemble les jambes du cheval, puisqu'au galop en main droite, la jambe droite, et au galop en main gauche, la jambe gauche tient sur elle le poids tout entier du corps du cheval, et que par conséquent l'une s'affaiblit aussi bien que l'autre. Pour tenir donc l'équilibre dans l'emploi du cheval, le plus utile est de galoper en main droite et en main gauche.

D. Comment passe-t-on du pas au galop?

R. En assemblant le cheval dans une position convenable.

D. Comment doit-on s'y prendre?

R. Pendant que le cheval marche on l'assemble doucement par une retenue toujours plus forte des rênes; en même temps on lui donne un tel degré de pression des jambes qu'on l'arrête presque; mais cependant le cavalier, étant parvenu jusqu'à ce degré, doit rendre l'aide convenable au galop et lâcher peu à peu les rênes.

D. Comment met-on le cheval au galop de son état d'inaction?

R. On place le cheval comme en main droite

ou en main gauche, selon qu'on veut galoper, et on le pousse en le châtiant des éperons.

D. Quelles sont les allures défectueuses?

R. L'amble, l'entrepas et l'aubin; à l'allure de l'amble, le cheval lève et pose en même temps à terre les deux jambes du même côté, de sorte qu'il n'a que deux mouvemens alternatifs, l'un des jambes droites et l'autre des jambes gauches; l'entrepas est une allure déconçue, ou espèce de tricotement de jambes qui tient de l'amble rompu; l'aubin est une allure où le cheval galope du devant et trotte avec le train de derrière.

D. Comment peut-on empêcher l'amble dans les voltes au galop?

R. Dans le changement de direction; il en est comme dans toutes les autres marches : on arrête le cheval et on corrige la main; seulement il faut remarquer que dans les voltes l'action de la jambe extérieure est progressive.

D. Comment le cavalier doit se tenir à cheval au galop?

R. Il faut qu'il tienne la partie supérieure un peu en arrière, et que les poignets, haussés légèrement, agissent sur le cheval; l'arrière-main surtout des chevaux paresseux doit être pressée à l'aide des jambes.

D. Comment le cavalier se tiendra-t-il dans les arrêts et demi-arrêts du galop ?

R. Il tiendra aussi le corps en arrière, pour ne pas être jeté en avant par les rênes ou par l'arrière-main du cheval.

D. Combien de temps faut-il rester en cet état?

R. Tout le temps que la retenue tout entière n'aura pas lieu, après quoi on revient à la première position.

D. Peut-on galoper aussi long-temps qu'on le veut?

R. Non, puisque le galop est la marche la plus dangereuse et qu'elle use les poumons et les membres du cheval; c'est pour cela que la durée du galop doit être en proportion de sa force.

Du Saut.

D. Qu'appelons-nous le saut?

R. Le mouvement du cheval qui franchit artificiellement les obstacles.

D. Combien y a-t-il d'espèces de saut?

R. Deux : le saut en haut et le saut en long ou en large.

D. Quels sont ces sauts?

R. Sauts par-dessus les haies, les barrières ou les murailles, et en franchissant les fossés.

D. Chaque cheval est-il en état de sauter?

R. Non.

D. Pourquoi? Cependant tous les chevaux ont la même conformation?

R. Parce que les chevaux qui ont les rênes et les jarrets faibles, ou les jambes fatiguées, ne peuvent sauter en aucune manière.

D. Le cavalier se trouve-t-il quelquefois obligé de faire sauter son cheval?

D. Oui, surtout les militaires et les chasseurs.

D. Comment doit-il s'y prendre?

R. Il faut être bien assis, c'est-à-dire que les jambes doivent bien envelopper le cheval, sans se servir cependant des éperons, et se tenir en arrière.

D. Que doit-il faire avec son cheval?

R. L'arranger pour sauter.

D. Comment cela se fait-il?

R. En assemblant et arrangeant l'arrière-main pour chasser le devant.

D. Comment assemble-t-on pour cela un cheval?

R. Par une retenue progressive des rênes dans la ligne droite au corps, et une pression des jambes aussi progressive.

D. De quelle manière baisse-t-on l'arrière-main et l'arrange-t-on pour sauter?

R. Par la position du cavalier qui doit baisser sa partie supérieure en arrière et lever en haut le devant du cheval.

D. Quel avantage cela cause-t-il au cavalier?

R. Premièrement, que son cheval rassemble toutes ses forces; secondement, qu'il donne une direction proportionnée au saut qu'il doit faire.

D. Y a-t-il pour cela quelques aides mécaniques?

R. Sans doute, puisque non seulement la force, mais encore la direction du cheval est variée. Pour sauter en haut, l'avant-main se hausse davantage et l'arrière-main se baisse, par suite de quoi le cheval en sautant décrit une ligne oblique; tandis que pour sauter en long le cheval reste plus dans la ligne droite, ce qui fait que l'avant-main est égale à l'arrière-main.

D. Peut-on faire sauter le cheval à toutes les allures?

R. Oui, mais la plus facile est au galop, parce que le galop est déjà par lui-même semblable au saut.

D. Que doit faire le cavalier si le cheval en sautant tire à soi les rênes.

R. Il faut l'en déshabituer en le faisant souvent reculer en arrière dans la ligne droite.

D. Combien y a-t-il de temps pour sauter par dessus la barrière ?

R. Trois.

D. Comment s'exécutent-ils ?

R. Par un demi-arrêt sur l'arrière-main, tout-à-fait avant la barrière.

D. Quel effet produit le demi-arrêt avant le saut ?

R. L'assemblement et l'arrangement du cheval, ainsi que la mesure de la hauteur des objets, laquelle lui sert pour réunir ses forces. Dans le cas où on ne lui laisse pas de temps, il s'égare et déploie trop ou déploie trop peu de force.

D. Quel est le second temps, et comment s'exécute-t-il ?

R. L'avant-main se hausse en aide des rênes, et de suite on les lui relâche pour permettre à l'élasticité des jambes de derrière d'opérer ces mouvemens, après quoi le saut se fait.

D. Quel est le troisième temps ?

R. Le cheval ayant franchi, sans se frapper à l'objet, doit tomber sur les quatre pieds ensemble, pour qu'il puisse avancer dans la même marche qu'avant, à l'effet de quoi on doit, après le saut, retenir les rênes.

D. Comment se fait le saut en long ou par fossé ?

R. En deux temps.

D. Quels sont-ils ?

R. En arrivant tranquillement au galop sur le fossé, le cheval fait lui-même un demi-arrêt pour mesurer sa force selon la largeur du fossé ; cela fait, le cavalier doit lâcher les rênes, se servir d'une forte pression des jambes, pour aider l'arrière-main à sauter.

D. Que fait-on après le saut?

R. Après que le cheval a sauté, on fait un demi-arrêt dans la ligne droite, pour qu'il puisse reprendre sa marche d'avant le saut.

De la Descente de cheval.

D. Est-ce que la descente de cheval est prescrite par les règles ?

R. Oui, en effet, puisque de la descente dépend la vie du cavalier.

D. Quelle est la manière de descendre de cheval ?

R. Le cavalier doit prendre une bonne poignée de crins de la main gauche ; de la droite, relever l'étrier droit sur l'encolure du cheval ; après quoi porter cette main sur la botte droite, le pouce en dehors, les autres quatre doigts en dedans, le corps toujours bien d'aplomb, en s'élevant et portant toute sa force au bras droit; passer sa jambe droite tendue et sans raideur par-dessus la croupe, sans la toucher; rester un petit temps imperceptible sur l'étrier, en se tenant de la main droite au troussequin, et la faire arriver à terre très doucement; puis, tenant de la main droite l'étrier, en dégager le pied gauche, relever les étriers et défaire la gourmette.

Principe pour débrider un cheval.

D. Que faut-il observer en débridant un cheval?

R. Si après être descendu on n'a pas défait la gourmette, on doit s'en occuper à l'instant, ainsi que de la sous-gorge et de la muserolle. Cela fait, de la main droite on passe vers soi les rênes au-dessus de la têtière, et en même temps on ôte la têtière en tirant le mors de la bouche du cheval; on doit l'essuyer et le mettre à sa place dans l'écurie.

Moyens pour desseller un cheval.

D. Quelle attention faut-il faire en dessellant un cheval?

R. Pour desseller un cheval, il faut d'abord le conduire dans l'écurie, après qu'on l'a fait refroidir; puis on déboucle les sangles et la croupière, et la selle étant doucement enlevée, on la pose à sa place pour la nettoyer; après quoi on doit essuyer avec de la paille la partie où la selle était, et, couvrant le cheval d'une housse, on la serre d'une seule sangle; il faut faire sécher les quartiers de la selle, parce qu'ils ont été mouillés par la sueur du cheval.

Défectuosités du cheval.

D. Quelles sont les défectuosités du cheval?

R. Quand le cheval a l'œil troublé et d'une couleur rougeâtre, la paupière inférieure enflée et fendue, alors il est lunatique; ses yeux doivent être nets et vifs. Le cheval poussif a le mouvement des muscles redoublé, le mouvement d'inspiration et d'expiration entrecoupés par une nouvelle inspiration. Le cheval panard porte les pieds en dehors. L'effort des hanches se reconnait lorsque l'animal boîte plus ou moins bas et traîne toute la partie affectée.

Le genou rond, enflé et couronné, annonce une jambe travaillée et usée.

Le capelet est une tumeur plus ou moins grosse et mouvante, située sur la pointe du jarret.

Les crevasses sont des fentes au pli des genoux; si elles sont en long, elles s'appellent malandres.

La solandre est au pli du genou ce que la malandre est au genou.

Le suros simple est une petite tumeur dure située sur le canon de la jambe; quand il est placé dans la partie inférieure du côté du boulet, on l'appelle osselet; plusieurs suros, continués les uns sur les autres, se nomment fusées; ceux qu'on appelle chevillés sont deux suros placés vis-à-vis l'un de l'autre de chaque côté.

La molette est une tumeur de la grosseur d'environ une noisette, molle et indolente, placée entre l'os et le tendon, en dehors et en dedans du boulet.

Le cheval qui se coupe et s'entretaille est faible.

L'entrose du boulet fait boîter le cheval.

Le vésigon est une tumeur molle et indolente placée entre les cercles tendineux, qui passe sur la pointe du jarret et à la partie inférieure du tubia; quand cette tumeur se trouve en dedans et en dehors du jarret, il est chevillé.

A l'atteinte, le cheval se heurte et s'attrape lui-même sur le paturon à sa partie postérieure ou sur le tendon; l'atteinte encornée est celle qui pénètre jusqu'à l'ongle.

Les varices sont des veines dilatées; on reconnaît les varices à l'inspection de la veine.

La forure est une tumeur dure et calleuse, qui a son siége dans les ligamens même de l'articulation du pied ou de la couronne avec le paturon.

La courbe est une tumeur, ou un gonflement de l'os même du tibia, située à la partie inférieure.

La seime est une fente de l'ongle à sa naissance. La seime, que l'on nomme pied de bœf, est une fente placée sur le milieu de la partie antérieure de l'ongle; l'autre est située sur les côtés.

Il y a trois sortes d'éparoins : l'éparoin sec, l'éparoin de bœf et l'éparoin calleux. L'éparoin sec est une maladie qui consiste dans la flexion convulsive et précipitée de la jambe qui en est attaquée; lorsque l'animal marche, il harpe. L'éparoin de bœf est une tumeur d'un volume extraordinaire, située dans la partie latérale interne du jarret. L'éparoin calleux est de la même espèce que celui de bœf.

La sole battue est une meurtrissure à ladite sole.

Les jardons sont des tumeurs du même caractère que la courbe; ils sont situés à la partie supérieure latérale externe de l'os même du canon.

La bleime est un sang extravasé qu'on distingue par une petite rougeur, en blanchissant le pied et en le parant ; il y en a de trois sortes : la bleime sèche, la bleime émornée et la bleime foulée.

Le jarret cerclé a un gonflement considérable.

Le fic ou crapaudine est une excroissance fibreuse et spongieuse, dont la substance ressemble à l'angle pourri et ramolli ; il est situé au bas dès tendons.

Le javart est une tumeur occasionnée par un vice intérieur ou par des corps sur le tendon. Le javart simple est celui qui se montre derrière le paturon ; le nerveux est placé à l'intérieur ou à l'extrémité du paturon ; le javart encorné est situé près de la couronne du dessus d'un des quartiers.

La cerise est une espèce de verrue située ou à côté, ou au-dessus, ou au bout de la fourchette.

Les poireaux sont des espèces de verrues qui viennent aux boulets et aux paturons, même sur le canon, et qui quelquefois descendent jusqu'auprès de la fourchette.

Les teignes, par la démangeaison qu'elles causent au cheval, l'obligent sans cesse de battre du pied à terre et pourrissent enfin la fourchette.

Les miles traversines sont des espèces de crevasses situées sur le derrière du boulet.

L'effort des reins se reconnaît aux mouvemens et à la démarche du cheval ; en reculant, il sent une douleur extrême; à peine peut-il faire quelques pas en avant; sa croupe se berce, se balance et chancelle quand il trotte.

Les peignes affectent la couronne : l'enflure de cette partie, les poils hérissés, une crasse farineuse, l'humeur fétide qui en suinte, en sont les symptômes assurés. Il est encore une autre maladie semblable qu'on nomme mal d'âne, et qui se manifeste par de petites crevasses autour de cette partie.

Principes pour bien faire connaître l'âge du cheval.

D. Comment peut-on connaître l'âge du cheval ?

R. Par l'inspection des dents. Le poulain, dès sa naissance, n'a point de dents ; environ trois mois après, il lui en pousse douze, six à la mâchoire supérieure, six à l'inférieure ; alors on aperçoit douze dents de lait à la partie antérieure de sa bouche. On distingue les dents de lait, parce qu'elles sont plus petites, plus courtes et plus blanches que celles du cheval, qui sont plus plates, plus larges, plus jaunes et rayées ; à deux ans et demi ou trois ans, les quatre premières dents de lait du poulain, deux dessus et deux dessous, font place à quatre autres qui se nomment mitoyennes ; enfin, à quatre ans et demi ou cinq ans, les quatres dents de lait qui lui restaient, deux de dessus et deux de dessous, à chaque côté des mitoyennes, tombent et font place à quatre autres, que l'on nomme alors les coins. Les crochets de la mâchoire inférieure percent à trois ans et demi ou quatre ans ; ceux de la mâchoire supérieure à quatre ans et demi ou cinq ans ; dès qu'ils percent, ils sont aigus et tranchans ; et, à mesure qu'ils croissent, on aperçoit deux cannelures dans la partie qui est du côté du dedans de la bouche. Les pinces rasent les premières, et leur cavité remplie, le cheval a six ans ; les mitoyennes rasent ensuite, et l'animal a sept ans ; enfin, les coins étant rasés, le cheval a huit ans ; et, quoique les dents inférieures aient rasé, les supérieures marquent encore jusqu'à l'âge de douze ans ; les pinces de la mâchoire supérieure rasent de neuf ans et demi à dix ans ; les mitoyennes, de dix ans et demi à onze ans, et enfin les coins à onze ans et demi, douze ans.

Ces douze dents ne sont pas les seuls indices de l'âge du cheval, et les crochets nous l'annoncent aussi. Si les crochets de dessus sont usés, s'ils sont arrondis, émoussés, si ceux de dessous ont perdu toute leur cannelure, s'ils sont aussi ronds en dedans qu'en dehors, vous pouvez tirer de là des preuves et des conséquences de la vieillesse du cheval. Si les dents sont comme avancées sur le devant de la bouche, et qu'elles ne portent, pour ainsi dire, plus d'aplomb les unes sur les autres, l'animal est vieux ; comme aux chevaux bégus, il n'y a point de cavité dans les dents après l'âge de douze ans : le germe de la fève qui pourrait s'y trouver n'est d'aucun présage ; la cavité est donc la seule marque que l'on doit consulter.

DIÉTÉTIQUE,

ou Connaissance de la Nourriture la plus avantageuse à donner aux chevaux.

SECONDE PARTIE.

D. Quel est le premier et le meilleur grain pour le cheval?

R. L'avoine, parce qu'elle se digère plus facilement et qu'elle contient les meilleures et plus abondantes substances nutritives. Il faut qu'elle renferme beaucoup de grains; qu'elle soit pure, sans odeur, douce au goût, et du poids d'au moins soixante-quinze kilogrammes pour une mesure d'un hectolitre. La quantité à donner chaque jour se calcule d'après la taille, le tempérament et le travail de l'animal. Elle varie de deux et demi à quatre kilogrammes. Plus ou moins serait nuisible au cheval. Si, en temps de guerre, on est forcé d'employer de l'avoine avariée, et si le temps le permet, on la purifie dans de l'eau, puis on la fait sécher à l'air, au soleil ou dans un four, et, avant de la servir, on y mêle un peu de sel.

D. En temps de guerre, lorsque l'avoine manque, quel grain convient-il de lui substituer de préférence?

R. L'orge. On la mêle ordinairement avec de la paille hachée; elle est alors moins malfaisante, et ne doit être administrée, au lieu d'avoine, qu'en proportion, deux à trois mesures (*minot-monture*), c'est-à-dire d'un tiers moins que de l'avoine. En temps de guerre, lorsque souvent on se voit forcé d'en donner sans paille hachée, il faut se garder d'en servir trop à la fois; car un cheval qui n'est pas accoutumé à cette nourriture peut facilement en être incommodé; un peu mouillée elle est plus salutaire, comme étant d'une digestion plus facile que sèche; et, dans le cas où l'on ne pourrait pas l'humecter, on aura soin de faire boire le cheval une heure avant et deux heures après le repas.

D. A défaut d'orge même, que donnera-t-on?

R. Du froment, plus nuisible encore que l'orge; il doit être administré comme celui-ci, en petites portions, et servi chaque jour moitié moins que de l'avoine. En temps de guerre, si l'on ne peut ni l'humecter ni le faire cuire, on l'imbibera autant que possible avec de la paille hachée ou de la balle. Frais et donné en trop grande quantité, il occasionne facilement la fourbissure, des inflammations d'yeux, des coliques et autres maladies du même genre.

D. Quelles sont les graines les plus malfaisantes à donner pour nourriture aux chevaux ?

R. Le seigle, la vesce, les pois, les lentilles et les fèves. Si l'on n'a pas autre chose, il ne faudra en donner que la moitié de ce qu'on donnerait d'avoine et surtout en très petites portions à la fois, car cette nourriture fait un sang épais, glaireux, et donne naissance aux fourbissures, au vertige, à des inflammations d'yeux et d'entrailles, à la colique, à la diarrhée, et autres maux semblables. S'il est possible on fera bien infuser fortement ces légumes pendant 12 heures, ou bien on les mélangera égrugés avec de la paille hachée ou de la balle. Tous nouveaux on s'abstiendra de leur usage.

D. Pourquoi les chevaux nourris avec les légumes susdites sans avoine éprouvent-ils si facilement des coliques ?

R. Parce qu'ils fermentent dans l'estomac plus vite qu'ils ne sont digérés, et qu'à cette cause il convient d'attribuer la multitude du gaz d'acide carbonique qui se développe et en fait des vents.

D. De quelle manière se sert-on du sarrazin ?

R. Mêlé en bonne proportion avec de l'avoine, ainsi que l'orge, il constitue une bonne nourriture; les chevaux qui en mangent engraissent facilement, mais ils perdent bientôt cet embonpoint factice, lorsqu'ils arriveront à d'autres alimens.

D. Que faut-il remarquer relativement à la farine et au son?

R. La première mêlée dans de l'eau est convenable et avantageuse au cheval, elle lui procure une bonne nourriture et lui donne des forces; le son contient trop peu de substances nutritives et occasionne un relâchement des organes digestifs. Le son de froment est encore le meilleur; on le mêle avec de la paille hachée, on l'humecte et on le sert dans la boisson. Dans plusieurs maladies c'est une nourriture très salutaire.

D. Le pain est-il très nutritif?

R. Sans doute, mais rassis de plusieurs jours, il vaut mieux que tendre; il est bon d'y accoutumer son cheval, car en guerre, pendant le combat, ou bien à la poursuite de l'ennemi, alors qu'on n'a pas le temps de le faire manger, on lui donne un morceau de pain trempé dans de la bière ou dans de l'eau, ou bien encore dans du vin ou de l'eau-de-vie, ce qui ranime beaucoup ses forces. Mais le pain moisi est très mauvais comme aliment.

D. Peut-on donner aux chevaux du grain non battu?

R. Il n'est pas nuisible, excepté la vesce et la grosse fève, mais il vaut mieux qu'il soit sec et frais, il est moins nuisible quand il est haché.

D. Qu'y a-t-il à remarquer par rapport à la paille?

R. La paille d'avoine, celle de froment et celle d'orge sont celles qui contiennent le plus de substances alimentaires. La paille de seigle est celle qui en renferme le moins. Les pailles de lentille, de fèves et de pois procurent un bon fourrage, mais il ne faut pas qu'elles soient foulées. La paille de haricots ne vaut rien. La paille hachée est inutile avec de l'avoine, mais elle fait très bien mêlée avec d'autres grains.

D. A quel degré de fraîcheur et de couleur verte convient-il de donner les grains surnommés et les herbages?

R. Il faut les administrer avec la plus grande précaution. Il est bon de les mêler, mais il vaut mieux encore les hacher ou les couper tous ensemble. On n'en donnera que peu, et l'on aura soin de ne pas faire boire de suite, parce que cela ne manquerait pas de causer la diarrhée, des coliques ou autres maladies de cette nature. Point de luzerne ni de treffle avant la floraison, et dans aucun cas le fourrage ne sera mis en tas, car cela l'échaufferait.

D. Quel degré de sécheresse doivent avoir la luzerne, le sainfoin, le treffle et la vesce avant d'être donnés au cheval?

R. Lorsque les herbages n'auront pas reposés en gerbes pendant six semaines, on y répandera du sel, comme on fait pour le foin frais, ce qui les rendra moins malfaisans. Cette précaution n'est cependant pas indispensable, car lorsqu'ils sont bien secs et bien conservés ils forment ce qu'on appelle une nourriture très convenable.

D. Que faut-il remarquer relativement au fourrage vert?

R. L'usage en est très salutaire pour le cheval, surtout lorsqu'il est brouté dans la prairie, où il trouve d'excellentes propriétés, par l'influence de l'air et de la lumière. Comme il est bon d'accoutumer le cheval à passer peu à peu du sec au vert; il est également nécessaire, dans ce cas, de lui donner le matin sa nourriture de grains, et de lui diminuer successivement jusqu'à ce qu'il puisse tout-à-fait s'en passer. Les prairies basses, humides et marécageuses, qui ne produisent qu'une herbe sûre ou très âcre, sont fort pernicieuses. Les mois de juin et de juillet sont les meilleurs pour paître ; l'arrière-saison est plutôt contraire que favorable.

D. Quelles propriétés le foin doit-il avoir ?

R. Il doit être d'une couleur vert-pâle, et avoir une bonne odeur ; fané, sûr et filandreux il est moins nourrissant ; moisi et plein de poussière ou de chancissure il est nuisible. Mais en temps de guerre, si l'on est forcé de donner au cheval du foin avarié, il faut avant tout le passer, le dégager de toute poussière et de toute chancissure en le lavant, puis le faire sécher de nouveau et l'arroser d'eau salée. Trop de foin donne trop de vent au cheval et le rend poussif, il devient même nuisible à celui qui souffre des reins. Le regain est moins nutritif et comme on en donne que rarement de bon, il est plutôt une mauvaise qu'une bonne nourriture.

D. Quelles sont les propriétés de la carotte ?

R. Coupée en tranches elle procure une nourriture abondante, elle purifie le sang, on l'emploie avantageusement dans beaucoup de maladies ; elle est surtout salutaire contre la gourme et les engorgemens.

D. Comment faut-il employer les pommes de terre ?

R. On les fait bouillir, on les égruge avec

de la paille hachée ou de la balle, on y mêle un peu de sel, et l'on obtient un aliment très nutritif.

D. Qu'y a-t-il encore de remarquable sur ce point?

R. Les choux-raves, les grosses raves, les choux peuvent être employés comme nourriture, surtout pendant l'hiver, mais il faut préalablement les couper en tranches et les mélanger avec de la paille hachée ou de la balle. Tous les végétaux connus pour contenir beaucoup de matières nutritives sont d'autant plus salutaires lorsqu'on les donne entre les repas. Le raifort coupé en tranches sert de médicament lorsque le cheval manque d'appétit, qu'il souffre d'une gourme cachée ou apparente. On l'emploie surtout dans ces deux cas pour les chevaux polonais, russes et moldaves.

En cas de besoin, on peut également donner des glands et des châtaignes écrasés et mélangés avec de la paille hachée ou de la balle. Les feuilles de peuplier, de poirier, de frêne et de chêne ne sont pas malfaisantes ; celles de saule et du châtaignier corroborent les fonctions digestives. Les jeunes rameaux et les écorces d'arbre ne servent à rien. Le chardon est un aliment sain et nourrissant.

D. Quelles remarques à faire sur l'eau?

R. L'eau de source, de puits et de rivière est bonne; celle des lacs, étangs et puits trop profonds, médiocre; quant à celle qui dort dans les marres, les bas-fonds et les étangs, et celle qui n'a ni flux ni reflux, ainsi que l'eau de neige et l'eau de glaces, elles sont nuisibles au dernier point et occasionnent souvent les maladies les plus cruelles. L'eau chaude ne procure aucun soulagement, aucun repos au cheval, elle ne fait que l'affaiblir.

Signes par lesquels on reconnait facilement les indispositions, les blessures et les maladies auxquelles les chevaux sont souvent exposés; ainsi que les moyens préalables de traitement, jusqu'à ce que l'on soit obligé d'avoir recours au médecin vétérinaire (1).

TROISIÈME PARTIE.

S'agit-il d'un coup de taille, d'estoc, de pointe ou d'une contusion, on commence par éloigner tous les corps étrangers, comme poils, morceaux de chabraque ou de couverture, etc.; puis on étanche le sang en le lavant avec de l'eau froide, et dès-lors que l'artère n'est pas attaquée, on nétoie soigneusement la plaie, et on l'enveloppe avec quelques vieux morceaux de toile mouillée, afin que l'air ne puisse y pénétrer. Si la blessure tourne à l'inflammation, on la lave avec de l'eau tiède, et on en humecte les bords le plus souvent possible. Si c'est une contusion, on coupe aussitôt tous les filamens et chairs qui peuvent exister autour, afin que la plaie soit aussi unie et aussi propre qu'il se peut.

Si l'on n'aperçoit pas la blessure de suite, si elle ne devient apparente qu'après l'enflure

(1) Ces remèdes domestiques seront employés seulement dans le cas où l'on n'a point de pharmacie sous la main.

ou l'inflammation, il ne faut employer pour la laver que de l'eau froide ; on couvre le cheval avec sa couverture, et on lui donne moins à manger que de coutume.

Plaies envenimées, provenant des piqures d'insectes, comme les taons, les abeilles, les frêlons, les guêpes, etc., de la morsure des chiens et autres animaux enragés.

La piqure de certains insectes est fréquemment mortelle pour le cheval ; si elle vient des taons, on applique aux endroits attaqués du gazon, où l'on aura soin d'entretenir une fraîcheur factice, en l'imbibant souvent d'eau froide. L'emploi du miel est encore fort bon dans ce cas.

Si le cheval a été mordu par un chien ou tout autre animal enragé, il importe de laver de suite la plaie avec de l'eau froide, où l'on aura mêlé du savon noir, ou bien encore avec de l'eau salée, de l'urine, de l'eau et du vinaigre, et autres astringens. Afin de mieux connaître la plaie, on coupe avec précaution tous les poils, évitant toutefois de toucher avec les ciseaux les parties saines ; puis on tranche toute la partie mordue ; mais le couteau ne doit pas être mis en contact avec la salive ou la morsure ; puis on lave la place avec de la lessive forte, on y allume de la poudre, ou bien on la brûle avec un fer rouge. Si la morsure se trouve dans un endroit on l'on ne puisse pas couper, on brûle séparément les places qui ont été attaquées par la dent, et cela avec un fer rouge pointu, et aussi profondément que possible. Aucun des objets qui auront servi à l'opération, ou qui auront été mis en contact avec la blessure, tels que couteaux, ciseaux, linge, etc., ne doivent plus être employés; il faut les enterrer ou ,mieux encore, les brûler.

Les Contusions sous la peau, sans que celle-ci soit séparée.

Elles peuvent provenir d'un coup, d'une chûte, ou de tout autre cause semblable, qui aient déchiré les muscles, les vaisseaux, ou occasionné tout autre mal, sans que pour cela la peau soit endommagée. Dès que l'on a reconnu le siége du mal, on tâche de calmer autant que possible la lymphe qui s'est réfugiée sous la peau, et on lave avec de l'eau et du vinaigre. Si la saison le comporte, on peut employer de la glace ou de la neige, et l'on évitera par une incision l'agglomération du sang.

Plaies provenant de la pression de la selle.

Elles proviennent de ce que la selle n'a pas été bien adhérente. soit que la selle ait été mauvaise, soit que le paquetage ait été mal soigné, des boucles de la sous-selle, etc., ou bien encore de la mauvaise position du cavalier, quand celui-ci ne monte pas bien à cheval.

C'est alors qu'après avoir ôté la selle il peut se montrer une tumeur assez forte, ronde, élastique. On y applique de suite du gazon que l'on consolide avec la sangle, et que l'on a soin d'humecter de temps en temps avec de l'eau froide, afin de faire disparaître l'irritation ; à défaut de gazon on peut se servir de l'étoupe, de la toile, etc. ; mais comme elles entretiennent trop de chaleur, il vaudrait mieux prendre de l'argile ou de la terre. Il importe d'entretenir la fraîcheur et l'humidité jusqu'à ce que l'enflure aît totalement disparu. Si cette enflure provient de quelque défectuosité de la selle, il faut y remédier de suite, et si elle est assez considérable pour résister à l'état de fraîcheur que nous avons indiquée plus haut, on en fera sortir l'humeur avec le moyen d'une incision.

Si plus tard survenait une brûlure, ce que l'on reconnaît à la peau qui devient dure, sèche et coriace à cet endroit, on la frottera de beurre sans sel, de crème ou de graisse, ou bien si l'on ne monte pas le cheval, on humectera soigneusement la plaie avec de l'eau chaude, pour l'amollir, et peu à peu la faire détacher. On aura soin de poser la selle de manière à ce qu'elle ne porte point sur l'endroit malade, ce qui aurait lieu dans les selles françaises et allemandes, si l'on mettait à cet endroit des poils du coussin ; sous les selles hongroises, au contraire, on pratiquerait là-dessus un paillasson, en coupant la paille sur l'endroit où se trouve la plaie.

Lorsque la brûlure a disparu, on coud un morceau de toile molle et frotté avec du suif à la couverture, de telle sorte, que celui-ci retombe toujours sur l'endroit malade lorsque la selle y est posée ; mais comme une nouvelle pression doit nécessairement se faire sentir, ne fût-ce que par l'action de la sangle, on ne manquera pas de la calmer par de la fraîcheur.

L'Anclouûre.

L'anclouûre arrive lorsque le clou, placé à l'intérieur de la partie vivante, se trouve trop haut ou ne sort pas du tout, lorsqu'il se fend et qu'une de ses parties pénètre en dedans, lorsqu'il est trop faible ou mal dirigé, et pliant au moment où on l'enfonce ; on le redresse et le renfonce de nouveau, par quoi, frottant contre les chairs, il occasionne la douleur; enfin, lorsque le fer a un trou trop profond ou une direction trop étroite. Une attention ordinaire suffit pour faire reconnaître qu'un cheval est piqué ou encloué; car, fort tranquille alors qu'on lui pose les autres clous, il devient impatient quand on arrive à celui qui le blesse, et ne se calme que lorsqu'on l'a retiré. Le cheval encloué pose au repos et en avant le pied où il se sent blessé, il le lève fréquemment, puis il le change de place, soit à droite, soit à gauche, mais le baisse toujours tout doucement, cherche à se reposer dessus, et, redevenu paisible, il a encore soin de le reporter en avant. Maintenant, afin de s'assurer du clou qui le blesse, on donne un coup de marteau égal sur chaque tête de clou; à celui qui fait le plus de résistance on oppose une barre pour le river; puis on tire un peu le clou, en donnant un petit coup; ordinairement c'est celui dont la position est la plus haute. On défait la rivure de celui-ci, puis on retire le clou, dont l'extraction fait couler le sang, si la blessure est forte, ou qui du moins en conserve la trace après lui. On recherche ensuite s'il ne s'est point fendu ou s'il n'a point laissé quelques parcelles dans l'intérieur. S'il en est ainsi, il faut élargir l'ouverture, jusqu'à ce que l'on puisse éliminer un corps étranger. Si le cheval boîte pendant quelques jours après l'opération, la cloison où se trouve le clou qui incommode est bien plus chaude qu'à l'ordinaire ; et, lorsqu'on mouille le sabot, cette partie sèche de suite, et lors de l'extraction du clou, il en sort de la matière. Dans le cas où l'on ne peut découvrir précisément le clou qui blesse, on arrache le fer tout entier, et l'on examine attentivement tous les clous, pour voir quel est le plus faible ou quel est celui qui vacille ; puis on pose le sabot dans l'eau froide pour empêcher l'inflammation. On verse dans la plaie de l'huile de thérébentine (teinture de mirthe), ou bien de l'eau-de-vie, et l'on bouche l'ouverture préalablement pratiquée avec du chanvre (étoupe), pour qu'aucune ordure ne s'y introduise. Si la plaie est encore fraîche, on y fait couler auparavant de la graisse bien propre et de l'huile. S'il devenait impossible d'accorder à l'animal le repos dont il aurait besoin dans cette circonstance, on aura soin de ne le ferrer que provisoirement, de telle sorte que la place blessée n'éprouve point de pression, et qu'on n'y enfonce point de clou jusqu'à parfaite guérison.

Blessures à la corne et à la partie vive.

Elles ont lieu, lorsque des clous, du verre ou d'autres corps durs et pointus pénètrent dans le sabot, ce qui arrive surtout dans les rayons sillonnés (fourchettes). On agit alors comme pour l'enclouûre; on débarrasse la plaie de tous les corps qui peuvent y exister, et l'on a soin qu'il ne puisse s'y introduire aucune saleté. Dans le cas où l'on ne pourrait faire reposer le cheval, il faut lui faire mettre un fer qui couvre tout le sabot, et qu'il soit assujetti de plus par un cercle en fer.

Le cheval est affecté de *la fourchette* lorsque, soit par lui-même, soit par le fait d'autres chevaux, il a été frappé sur la couronne par les crampons du fer. Il faut alors bien purifier la plaie de tous les poils qui peuvent y être entrés; puis on la lave soigneusement avec de l'eau et du vinaigre.

Maux de la Bouche et de la Langue.

On les guérit en purifiant avec de l'eau froide les organes attaqués. Pendant le traitement, le cheval ne sera nourri que de recoupe, de son et d'herbe, et après chaque repas les plaies seront régulièrement lavées. Si la maladie est grave, il vaut mieux laisser jeûner l'animal jusqu'à ce qu'on aie pu recourir au médecin-vétérinaire.

Brûlure par le feu, l'eau bouillante, etc., etc.

On y applique un cataplasme de pommes de terre crues écrasées, et on le renouvelle le plus souvent possible, en l'imbibant d'eau froide, jusqu'à ce que la douleur soit appaisée. Si on applique les ventouses, on les ouvre et on donne libre passage à la matière. Si, par suite de la brûlure par le feu, l'épiderme est devenu noir et ridé, elle est accompagnée de plus ou moins de fièvre, du manque d'appétit, de constipation ou des coliques. Pour obvier à la fièvre, on opérera une saignée, et pour cataplasmes à appliquer sur les plaies, on prendra deux onces de graine de lin dans un litre d'eau, que l'on fera bouillir pendant une demi-heure, jusqu'à réduction à moitié.

Dislocation du Boulet.

C'est lorsque le cheval fléchit d'una manière insolite ses cuisses de derrière, qu'il les pousse en avant, sans cependant pouvoir avancer. S'il est blessé aux pieds, il faut bien vite le déferrer ; puis on prend un litre d'eau, un quart de vinaigre, et une demi-tasse pleine d'eau-de vie, et on le panse avec.

Paralysie du train de devant, ou la Claudication.

Elle se reconnaît lorsque le cheval boîte en marchant, lève le pied en reculant, et se penche à chaque instant du côté qui souffre. Dans ce cas, il a besoin de repos, et on lave l'endroit malade avec de l'eau froide et du vinaigre, auquel on peut ajouter plus tard de l'eau-de-vie. Les douches d'une seringue sont très utiles en pareille circonstance.

Les Malandres.

Elles ont leur siége dans les paturons des pieds de devant et de derrière ; elles proviennent en grande partie des écuries mal aérées, humides, sales ; de la malpropreté avec laquelle le cheval est souvent soigné, pendant des longues marches dans l'eau de neige stagnante, dans des rues boueuses, du mauvais temps, comme aussi de la mauvaise nourriture, telle qu'avoine et foin avariés, et de plusieurs autres causes encore. Pour guérir cette maladie, il faut la plus grande propreté, et surtout une litière bien sèche ; puis on rase soigneusement les poils autour des plaies, et on lave ces dernières avec de l'eau tiède et du savon noir ; jamais avec de l'eau froide. Mais si l'on pouvait supposer que le mal prît sa source dans quelque cause interne, il faudrait, en outre, appliquer un séton au poitrail.

Bains de pieds.

Après des marches forcées sur un sol dur, lorsqu'un cheval a le sabot mauvais et la corne sèche, quand il est mal ferré, qu'il marche timidement et boîte pour ainsi dire, et qu'on lui sent beaucoup de chaleur au sabot, on commence par le déferrer, puis on le place dans la terre argileuse pour les amollir et rafraîchir les sabots. Si les circonstances ne permettent pas de le déferrer, on enfonce les sabots dans l'argile bourbeuse ou dans le fumier de vache, et on les humecte continuellement avec de l'eau froide, à laquelle on ajoutera du vinaigre; ou bien on les fait tremper dans l'eau froide, principalement dans les rivières. Le matin, avant la marche, lorsque le sabot et la corne ont été bien lavés, on les frotte dessus et dessous avec du saindoux bien propre, pour les tenir toujours dans un état d'élasticité.

Fourbure.

On la reconnait aisément à la marche saccadée et douteuse du cheval : il pose les pieds en dehors, marche de préférence sur les ballots, et il semble par là ménager son orteil. Il ne marche qu'avec efforts, et exprime sa douleur par des soupirs; il aime mieux être debout que couché; sa respiration est embarrassée, et plus il souffre des pieds, plus elle est forte. Les pieds de devant sont plus sujets à cette infirmité que ceux de derrière.

Causes de cette maladie.

Station trop prolongée sur un sol sec et dur, ce qui occasionne le desséchement et l'engorgement des sabots; un ferrement vicieux, un refroidissement après une forte sueur, la halte subite au courant d'air, vent coulis; après une marche forcée, des bains de pieds mal à propos, un changement trop rapide dans le mode de nourriture; d'avoir bu et mangé trop tôt après avoir travaillé; des alimens en grains trop lourds et trop indigestes, et donnés sans précaution, surtout lorsqu'ils sont trop nouveaux.

Mode de guérison.

Si la douleur et la tension ne sont encore que légère, il faut déferrer et mettre le cheval dans un bain de pieds d'argile, ou, si la saison le permet, dans l'eau deux fois par jour. On le tient là-dedans une demi-heure, une heure ; mais si le mal est plus grave et que l'inflammation soit plus considérable, on pratiquera, en outre, une saignée qui sera de deux ou de trois litres, d'après le degré de la maladie et la force de la constitution de l'animal ; dans la boisson on jettera une poignée de sel par seau d'eau. Pas d'autre nourriture qu'un peu de son et de paille ; une écurie d'une chaleur tempérée et une litière fraîche et sèche. Si quelques heures après il penche encore la tête et se plaint comme éprouvant de grandes douleurs, si le pouls est fréquent, rude et plein, le battement du cœur insensible, la respiration forte et pénible, il faut saigner une seconde fois ; mais mieux valent encore une incision à la sole et une forte saignée locale, par ce moyen les vaisseaux du sabot sont débarrassés du sang qui les engorgeait, la tension devient moindre, et la douleur est puissamment allégée.

Inflammation des Yeux.

On cherche d'abord si un corps étranger ne s'est pas introduit sous les paupières. Dans tous les cas de cette maladie, on placera le cheval dans une écurie fraîche et bien aérée ; on évitera les vents coulis, et toutes les fenêtres seront ouvertes ; généralement il ne faut point monter ce cheval, et beaucoup surtout par les grandes chaleurs et par les grands froids, non plus que dans des chemins remplis de poussière ; si les circonstances le permettent, il prendra du repos, et comme l'exercice lui est également nécessaire, on le conduira, à la fraîche, promener dans des endroits ombragés. On saigne ; et plus l'inflammation est forte, plus il faut tirer du sang ; et s'il n'y a qu'un seul œil de malade, ce sera du côté de celui-ci que l'on pratiquera la saignée à la veine du cou ; cependant l'œil sera sans cesse épongé avec de l'eau fraîche, ayant soin d'attacher un morceau de linge au-dessus des oreilles, afin que l'œil bien couvert soit continuellement tenu frais et mouillé. Point d'avoine ; de la paille d'orge, du foin et du son dans de l'eau ; le fourrage frais est également salutaire. Mais si l'inflammation est combinée avec la gourme, on lave les yeux avec une décoction tiède de camomille et de sureau, dans laquelle on mêlera un peu d'eau-de-vie. Si le mal résistait à ces moyens, il faudrait alors poser un séton à la joue.

La Gourme.

Avant même que la maladie ne soit déclarée, le cheval annonce de la lassitude et de l'abattement ; il préfère le foin et la paille à l'avoine. A l'explosion du mal, les yeux sont ternes, plus ou moins fermés et baignés de larmes. Les gourmes dans la jugulaire sont plus ou moins enflées et douloureuses, mais mouvantes, et leur siége varie fréquemment. Des naseaux découle souvent une humeur aqueuse qui, au bout de quelques jours, devient jaunâtre, verdâtre, épaisse, et ressemblante à du pus. Une toux pénible se fait entendre, et, le plus souvent elle est accompagnée de fièvre et de frisson.

Les gourmes enflées doivent être frottées avec de la graisse de licore ou d'oie ; à défaut, on emploie du saindoux ou de l'huile ; puis on enveloppe et attache en cet endroit un morceau de couverture de laine, en mettant au-dessous de la peau de mouton, de lièvre ou de chevreuil, afin d'entretenir la chaleur. On fait bouillir de l'orge ou de l'avoine, ou bien encore de la graine de foin ; puis on suspend le résidu de cette décoction au-dessous du nez du cheval, dans un sac à manger (musette), pour lui servir de fumigation, et on répète la même chose tous les jours une fois. Dans la nourriture on mêle du son ou du blé bien égrugé, mieux vaut dans de l'eau toujours dégourdie. En été le fourrage vert est très salutaire. On tient le cheval chaudement ; on le couvre, et l'on ne le fait sortir que par un temps bien doux. Si l'on ne peut lui procurer le repos nécessaire, on le garantit autant que possible du froid et de l'excessive chaleur, et l'on continue le traitement aussitôt que les circonstances le permettent.

Gourme maligne et suspecte.

Elle provient de la contagion ou bien de ce que celle dont nous venons de parler plus haut a été mal traitée ou ne l'a pas été du tout. Voici à quoi l'on peut la reconnaître : c'est lorsque les enflures qui, dans les gourmes ordinaires, n'occasionnent point de douleur, restent dures et à places fixes, et résistent même à l'action du séton ; c'est lorsque l'humeur qui découle du nez, primitivement liquide et de couleur gris cendre, se forme en grumeaux, ressemblant à de l'eau de fumier, se sèche aisément, s'attache comme de la poix aux cloisons du nez, en exhalant une mauvaise odeur. Le cheval doit être immédiatement séparé des autres, parce que ce mal est contagieux et que, pour la plupart du temps, il dégénère en morve, maladie, si l'on n'aperçoit aucune pustule dans l'intérieur du nez de l'animal. Le traitement préalable est, du reste, le même que celui de la gourme bénévole, et la suite doit en être confiée à l'art du vétérinaire. Aucun autre cheval ne doit boire dans le même seau que lui, ni être pansé avec les mêmes ustensiles; le palfrenier ou garçon d'écurie n'en pansera d'autres qu'après qu'il se sera lavé. Il ne fera usage ni de la selle ni du harnais qui lui auront servi, avant de les avoir trempés dans de l'eau de lessive bien potassée. La couverture sera reblanchie, et le fer lui-même retrempé et plombé à neuf. Si le cheval meurt, selle, bride et tout ce qui en dépend, ou, selon les circonstances, licou et couverture seulement, doivent être brûlés; la boiserie, le fer, tout ce qui, dans l'écurie, a pu lui servir, seront convenablement frottés et lavés avec de la lessive potassée et du sable; tout le reste passé dans la chaux (1).

(1) En France, d'après une ordonnance du ministre de la guerre, on emploie avec succès le chlore de chaux pour purger les effets militaires et les écuries des miasmes contagieux de la morve. Voici à quoi s'élèvent les frais de nettoyage pour l'équipement d'un cheval :

Une bouteille de chlore de nitrate dissous. .	1 f.	50 c.
Une livre d'huile de corne.	1	60
Pour refaire la selle.	1	28
	4	35

PROCÉDÉ.

Tout ce qui concerne la sellerie et la muselerie sera retiré et mis à part jusqu'aux objets les plus minimes; chacune de ces parties, imbibée dans une infusion de chlore de nitrate, dissous

Fièvres inflammatoires, ou Maladies internes avec inflammation.

Symptômes généraux : Chaleur inusitée, peau sèche, battement de cœur impassible, pouls précipité, plein et dur, de **50** à **80** par minute, tandis qu'en santé il est de **35** à **40.** Le cheval reste en général tranquille et se tient loin de la crèche. Les pieds de derrière sont collés à la jointure, et il se repose alternativement sur l'un des pieds de derrière ; les yeux rouges et sortant de leur orbite ; le regard étincelant, la bouche brûlante et sèche, ou chargée d'une légère salive ; le crottin est sec, dur, peu liant, plus ou moins glaireux ; l'urine est rare, brunâtre ou claire comme de l'eau légère, et ne mousse point en tombant à terre. (Dans les in-

dans douze parties d'eau de rivière, sera soigneusement frottée avec une brosse, celles surtout qui se sont trouvées en contact direct avec le cheval. La couverture et tout ce qui sert à envelopper et à remplir le coussin de la selle, doivent être trempés pendant cinq minutes dans une eau mélangée. Dès qu'un morceau en aura été retiré, on le passera dans de l'eau pure, et on le séchera ; puis, sec, on le frottera de graisse de griffs ; ensuite on remettra tout ensemble la selle et la bride. Les écuries et tous les effets de la sellerie nettoyés ; enfin, toutes les parties du harnachement lavées dans l'eau susdite mêlé de chlore et brossées. Le sol sera balayé avec soin et purgé avec cette même eau. Après cette opération, écuries et effets sont de bon usage.

Les ustensiles de nettoyage doivent être détruits ; les effets des gens qui auront servi les chevaux malades doivent être blanchis et passés par la lessive.

flammations d'intestins et de poitrine, l'animal ne respire qu'en ouvrant les naseaux outre mesure, et ses flancs sont prodigieusement agités). Le cheval ne mange rien qu'un peu de foin.

Dès que ces symptômes ont été reconnus, il faut procéder à la saignée; elle doit être d'autant plus abondante que la maladie est plus intense et que l'animal est plus fort et mieux nourri, savoir deux, trois et même quatre litres. Si les accès ne disparaissent point à la première saignée, si le sang extrait n'a pas laissé de dépôt aqueux, s'il est noir et épais, s'il est trop congelé pour être divisé avec le doigt, si le pouls est encore dur et plein, il convient, au bout de deux ou quatre heures, d'en pratiquer une seconde, mais plus légère. On laisse le cheval tranquille sur une bonne litière, médiocrement couvert, dans une écurie tempérée; on lui donne du son, de la paille hachée, du fourrage vert; puis l'on demande avis au vétérinaire.

Fièvres putrides d'atonie.

Elles sont, d'après leur caractère, entièrement opposées aux fièvres inflammatoires. L'abattement, la somnolence, la distension de tous les organes vitaux en sont les symptômes dominans. Elles affectent surtout les chevaux vieux, flasques et faibles ; elles sont ordinairement combinées avec d'autres maladies ou tendent à en prendre le caractère. Le pouls est tantôt lent, tantôt vif, mais rarement plein ; le battement du cœur est plus ou moins sensible ; la tête et le cou restent pendans ; les yeux sont abattus, troubles et ternes ; chez plusieurs une humeur s'échappe du nez, la respiration est pénible, la marche saccadée, le crottin flasque et gluant, quelquefois dur et brunâtre. La saignée serait hors de saison dans ce cas. On tient le cheval au repos dans une écurie plutôt froide que chaude ; et pour nourriture on lui donne de l'avoine ou du blé concassé, de la farine, du son, des carottes ou du fourrage vert, qu'il aime par-dessus tout, mais cela en petite quantité ; pour le reste on s'en rapporte au vétérinaire.

Frisson.

Le cheval sera tenu bien chaudement, convenablement bouchonné avec de la paille partout le corps, et bien couvert en-dessus et en-dessous.

Maladies urinaires ou de la vessie ;
Incontinence d'Urine.

L'animal pisse de demi-heure en demi-heure, toutes les heures, ou toutes les deux heures. L'urine est le plus souvent claire comme de l'eau, rarement d'une teinte jaunâtre et sans odeur, soif inextinguible, langue sèche.

Causes.

Temps froid et humide, au printemps et en automne ; nourriture avariée, comme de l'avoine et du foin échauffés, surtout lorsque celui-ci est resté long-temps sur un sol humide. Si le mal provient d'une mauvaise nourriture, on en donne de la bonne, on tient le cheval dans une écurie modérément chaude, sur une litière propre et sèche, on le bouchonne bien, on le couvre avec soin ; pour boisson de l'eau bouillie où l'on aura mêlé du son, du pain de lin ou de la drèche. Si l'animal maigrissait par trop, on lui donnerait de l'avoine ou de l'orge égrugé, ou mieux encore de la farine d'orge toréfiée. Le fourrage vert ne vaut rien.

La Diarrhée.

Elle vient à la suite d'un changement subit dans la nourriture, ou d'un refroidissement. On couvre bien le cheval, comme il faut, bonne avoine sèche, sans paille hachée, bon foin pour nourriture, et pour boisson rafraîchissante de l'eau bouillie, dans laquelle on aura fait détremper du son ou de l'orge ; le mafin une bonne poignée de grains de genièvre grossièrement pilés; il est également salutaire de frotter le ventre avec de l'eau-de-vie chaude. En cas de refroidissement, les infusions de fleurs de camomille et de sureau sont fort bonnes, comme aussi, lorsque faire se peut, une potion répétée d'une demi-bouteille de vin rouge tiède; ici le fourrage vert, le seigle, l'orge, le blé égrugé, le sel, etc., etc., sont pernicieux.

La Constipation.

Dans ce cas, on donne au cheval, que l'on tiendra dans une écurie bien chaude, une nourriture légère et peu abondante, pas d'avoine, un peu de blé égrugé, du son et du fourrage vert; pour boisson de l'eau de son peu salée; beaucoup d'exercice. S'il faut avoir recours à la saignée, on administrera un clystère, dans lequel il entrera deux onces de savon blanc, dissous dans une mesure d'eau chaude, avec addition d'un demi-gros de sel. Le remède doit être administré tiède, et répété s'il est besoin. A défaut de seringue, on lui introduit dans le fondement un morceau de savon en forme d'œuf.

La Colique.

Elle se manifeste de la manière suivante : Le cheval ne mange pas ; lorsque les crampes et la douleur le saisissent, son œil exprime tout d'abord ce qu'il éprouve. Son regard est égaré ; il est impatient, inquiet, piaffe avec les pieds de devant, et se tourne rapidement dans son écurie d'une place à une autre ; il frotte surtout son train de derrière contre les parois de sa stalle, se regarde avec douleur à droite, à gauche et par derrière, frappe le sol avec ses pieds de derrière, ou s'en donne des coups contre le ventre, se couche et se relève fréquemment, se tourne tantôt d'un côté, tantôt d'un autre, puis revient à sa première position ; il grince des dents, se plaint et gémit violemment, fait de fréquens, mais vains efforts, pour rendre ses excrémens, ou bien il ne rend que de petits crottins secs et durs. Il ne pisse que rarement et avec beaucoup de peine. Le ventre est fortement tendu ; quelquefois on entend comme des gargouillemens dans les boyaux, et la sueur sort par tous les poils. Plus la maladie est intense, plus la douleur est aigüe, et plus on doit craindre une inflammation, car tels sont les précurseurs d'une constipation complète. On pratique aussitôt une saignée de deux à trois litres, proportionnée à l'intensité du mal et à la constitution de l'animal, que l'on placera dans une écurie sur une litière bien fraîche et bien épaisse. Là, deux hommes le bouchonneront sans relâche ; puis on le couvre bien, et l'on tâche d'empêcher, autant que possible, qu'il ne se tourne et se retourne, parce que ces mouvemens peuvent occasionner des étouffemens d'estomac ou des déchiremens d'entrailles. On privera le cheval de toute nourriture, et on ne lui donnera que de l'eau de son tiède. Pour calmer les crampes on donne deux ou trois poignées de camomille dans un litre d'eau, avec un peu d'eau-de-vie. S'il survenait une constipation, on administrerait un lavement, une décoction de camomille et de graine de lin (deux litres, une poignée de sel, et une demi-bouteille d'huile), ou bien du savon dissous dans de l'eau tiède. Si la constipation occasionnait des trop vives douleurs, on donnerait des lavemens de vapeur, à la fumée de tabac ; ils sont on ne peut plus efficaces lorsqu'ils sont administrés de la manière qui suit : on prend une pipe de terre bien bourrée de tabac et allumée, dont on introduit le tuyau dans le boyau culier du cheval, on prend une autre pipe, on place l'ouverture de la tête (du fourneau) sur celle qui est déjà allumée, et on l'enveloppe un peu pour que la vapeur (la fumée) puisse être soufflée par ce moyen dans l'orifice; toute autre pipe peut être employée à cet usage, pourvu que le bout en soit droit. Après chaque lavement, on ne négligera pas de promener le cheval.

Colique venteuse.

Lors de la colique venteuse, que l'on reconnaît facilement, parce que le ventre de l'animal est tellement enflé, qu'il ressemble à un tonneau, indépendemment du traitement prescrit ci-dessus, il convient pour l'expulsion des vens de le monter et de le faire légèrement trotter.

Recette pour la Saignée.

L'instrument le plus économique, celui que porte chaque berger, et dont on peut se servir en cas de besoin pour cette opération, c'est la flame. On attache un cordon autour du cou, près du poitrail, et un des bouts est garni d'un anneau, ou d'un osier, à travers lequel l'autre bout est fortement tiré et lié par un nœud. On humecte tant soit peu, vers le milieu du cou la veine gonflée et fendue par ce cordon, on en passe le poil de bien près tout autour, on y pose en long la flame (lancette) sur laquelle on applique un coup bien sûr avec un morceau de bois, on retire la flame et l'on reçoit le sang dans un vase dont il faut préalablement connaître la mesure, pour savoir combien de sang aura perdu l'animal.

Quand on a tiré la quantité voulue, on joint ensemble les deux bords de la plaie, on enfonce une épingle dans les parois de la peau, on assujétit celle-ci fixement au moyen de quelques crins du cheval, et on les noue ensemble.

Au moment de saigner, on aura soin que la lame de la lancette ne pèse point sur les deux côtés de la veine, mais seulement sur le côté extérieur. Au bout de vingt-quatre heures on retire l'épingle, et la guérison s'opère très facilement. Les deux premiers jours on attachera le cheval très haut et de manière à ce qu'il ne puisse frotter la blessure, chose qui pourrait facilement occasionner une fistule.

FIN.

TABLE
DES PRINCIPALES MATIÈRES
CONTENUES DANS CET OUVRAGE.

PREMIÈRE PARTIE.

SECONDE PARTIE.

DIÉTÉTIQUE.

TROISIÈME PARTIE.

www.ingramcontent.com/pod-product-compliance
Ingram Content Group UK Ltd.
Pitfield, Milton Keynes, MK11 3LW, UK
UKHW021559260726
13993UKWH00002B/943

9 782329 363530